10分钟系列

10分钟 学做百搭懒人菜

郑颖 主编

U0385891

黑龙江科学技术出版社
HEILONGJIANG SCIENCE AND TECHNOLOGY PRESS

图书在版编目（CIP）数据

10分钟学做百搭懒人菜 / 郑颖主编 . -- 哈尔滨：
黑龙江科学技术出版社，2018.10
（10分钟系列）
ISBN 978-7-5388-9805-7

Ⅰ . ① 1… Ⅱ . ①郑… Ⅲ . ①菜谱 Ⅳ . ① TS972.1

中国版本图书馆 CIP 数据核字 (2018) 第 122515 号

10 分 钟 学 做 百 搭 懒 人 菜

10 FENZHONG XUE ZUO BAIDA LANREN CAI

作　　者	郑　颖
项目总监	薛方闻
责任编辑	马远洋
策　　划	深圳市金版文化发展股份有限公司
封面设计	深圳市金版文化发展股份有限公司
出　　版	黑龙江科学技术出版社

地址：哈尔滨市南岗区公安街 70-2 号　邮编：150007
电话：（0451）53642106　传真：（0451）53642143
网址：www.lkcbs.cn

发　　行	全国新华书店
印　　刷	深圳市雅佳图印刷有限公司
开　　本	723 mm × 1020 mm　1/16
印　　张	10
字　　数	120 千字
版　　次	2018 年 10 月第 1 版
印　　次	2018 年 10 月第 1 次印刷
书　　号	ISBN 978-7-5388-9805-7
定　　价	39.80 元

Contents

适合懒人的10分钟菜肴！

Chapter 1
减时才能每天"懒"一"懒"

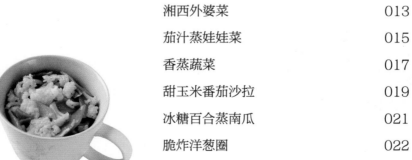

Chapter 2
速成菜，只需 10 分钟

Chapter 3
一次处理一周菜，每天更省时

Chapter 4
小锅烹，一锅搞定主食与菜肴

Chapter 5
家中常备，腌菜储备粮

Chapter 1

减时才能每天
"懒"一"懒"

工作日的早上总是很忙碌，
不想要吃餐厅，
就更要费时费力烹制食材。
其实，这些时间都可以节省下来。
只要在冰箱里准备好食材，
无论是常备还是冰冻，
用合适的工具"多管齐下"，
10 分钟就能做出一餐美味佳肴，
让您多"懒"一"懒"！

缩短烹饪时间的"神器"

　　作为厨房中的常见物品，烹饪工具的种类非常多，如炒锅、炖锅、铸铁锅等。而本部分要介绍的厨具或电器，则是使用起来很省时的器具。

平底锅

　　作为家中常见的烹饪器具，平底锅的用处相当多，炒、煮、煎、炸、烤等，都不在话下。一般的平底锅为不锈钢器具，适用于普通烹饪，能快速上热。也有些制成铸铁锅形式，更适合放入烤箱中，作为"盘"来使用。

冰箱

　　当冰箱不再只作为食材的存放用具，同时还作为半成品食材的存放用具时，它的功能就强大了许多。在时间充足时，将食材处理成半熟、全熟的状态储存起来，等需要制作时，拿出这些食材，稍微加热就可以食用了，一样色、香、味俱全。

电蒸锅

作为一种新兴的烹饪器具，它远离火源更安全，分门别类地蒸多种食材更便捷，也比传统蒸锅占地小，蒸出的食材体积上却没有太大变化。当您想吃健康清淡的饮食，一台电蒸锅足以满足一餐菜肴的需求。

电火锅

火锅广受人们喜爱，而简单的处理方式又让火锅菜肴在家也可以制作。简单一些的做法就是买一包底料，直接涮食材；而想吃得更好，还可以自己做锅底汤料，食材处理也可以更精致一些，是一种很适合"懒人"的烹饪方式。

微波炉

微波炉是普及率很广的一种加热食材器具，其实它也可以烹饪菜肴，而且比起自己去翻炒菜肴，"放入-加热-取出"的模式更适合"懒人"。因为微波炉会在很短时间内将其中的材料快速加热，所以要注意放入的器具、保鲜膜等需要是高耐热材质。

家中常备的食材

　　家中常备食材，相信大家心中都会有泡面的选项。但是除了泡面，还有很多食材不仅方便保存且有一定营养，还烹制简单，也是不错的常备食材。

 主食

　　这类食材如米、粉丝、面条、年糕等，是家中需要常备的食材。特别是粉、面类，比米饭更易熟，是很好的速食食品。

 蛋类

　　鸡蛋在冰箱中的保质期在一个月左右，这是一种怎样烹饪都美味，且营养丰富的食材。皮蛋可以做快手凉拌菜，也可以同熟米饭一起煮快手粥。

半成品肉制品

　　这类食材如火腿肠、火腿、腊肠、腊肉等，比起新鲜肉类都有更长的保质期，适合在家中久存。而且因为加工过，所以有易熟、已调味等特点。

半成品咸菜

　　作为下饭菜的代表，各种半成品咸菜如外婆菜、榨菜、梅菜、酸豆角等，是很好的配菜，甚至可以独当一面作为主菜，好吃又耐存放。

速冻蔬菜

每天需要摄取足够的蔬菜才能保持身体健康。所以在"时间就是金钱"的现在，速冻蔬菜如速冻胡萝卜粒、速冻豌豆、速冻玉米等是很常见的快餐配料。

海苔

作为健康零食的海苔，也可以用来制作菜肴。无论是点缀在菜肴上，还是用来煮个速成汤都是很好的选择。

调味品

做菜并非只要油、盐、酱、醋就够了，干辣椒、泡椒、辣椒酱、照烧酱、沙拉酱、番茄酱等调味品也是必不可少的常备材料。

干货

这类食材应该是每个家庭都常备的，如木耳、银耳、腐竹、黄豆、绿豆等，保质期很长，使用前用水泡发就可以烹饪了。

冰箱这么用，冰冻一周的预处理食材

蔬菜冷冻，煮熟冷冻

❶将西红柿切成块，用厨房用纸吸干水分，用保鲜膜包好，再放入冷冻保存袋中冷冻即可。可直接食用的蔬菜、豆腐等均可做此处理。

❷莲藕去皮切片，倒入沸水锅中，煮至半熟，捞出，过凉水，用保鲜膜包好，放入冷冻保存袋中冷冻即可。蔬菜类均可做此处理。

蔬菜炒熟、调味冷冻

❶洋葱切成丝，倒入油锅中，快炒至变色，盛出放凉，按所需分量用保鲜膜包好，放入冷冻保存袋中冷冻即可。

❷新鲜草菇、口蘑、香菇切厚片，倒入油锅中炒软，加入生抽、料酒、白糖炒匀。盛出放凉，用保鲜膜包好，放入冷冻保存袋中冷冻即可。

香辛料切片、切末冷冻

❶大葱葱白部分切斜段，剩余的切圈，按所需分量用保鲜膜包好，放入冷冻保存袋中冷冻即可。姜、蒜也可做此处理。

❷韭菜切碎，按所需的分量用保鲜膜包好，放入冷冻保存袋中冷冻即可。葱、姜、蒜也可做此处理。

冰格冷冻液体

❶将用猪肉熬煮好的鲜汤倒入备好的冰格中，冰格上封上保鲜膜，放入冰箱冷冻保存即可。

❷备好冰格，倒入适量清水，摘下罗勒叶分别放入冰格，没入水中，将冰格用保鲜膜包好，放入冰箱中冷冻至结冰即可。

肉类调味、处理冷冻

❶猪肉剁成肉末，加入料酒、生抽拌匀，将肉末用保鲜膜包好，放入冷冻保存袋中冷冻即可。其他肉类也可做此处理。

❷锅中注水烧热，加入料酒、盐，放入葱结、姜片、猪肉，炖煮至熟，捞出，放凉，切块，用保鲜膜包好，放入冷冻保存袋中冷冻。其他肉类也可做此处理。

贝类冷冻，处理冷冻

❶取一碗清水，放入适量盐，将蛤蜊放入盐水中，浸泡半天，使其吐沙，表面清洗干净，放入冷冻保存袋中冷冻保存。或煮熟后带壳浸泡在清汤中冷冻保存。

❷扇贝放入沸水锅中煮熟，取出扇贝肉放凉，去除内脏，用保鲜膜包好，放进冷冻保存袋中冷冻即可。其他贝类也可做此处理。

鱼、虾处理冷冻

❶将黄鱼清理干净，整片切好，用厨房用纸吸干水分，撒上少许盐，用保鲜膜包好，放入冷冻保存袋中冷冻即可。

❷鲜虾去掉头、虾线，按一定间隔放在盘中，盖上保鲜膜，放入冰箱速冻至硬，取出后包上保鲜膜，再放入冷冻保存袋中冷冻保存。

主食煮熟冷冻

 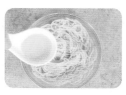

❶将热米饭分成所需的分量，压扁，放凉后，用保鲜膜包好，放入冷冻保存袋中冷冻即可。

❷意大利面煮熟，捞出过冷水，捞出，加食用油拌匀，包好保鲜膜，放入冷冻保存袋中冷冻即可。其他面类也可做此处理。

Chapter 2

速成菜，
只需 10 分钟

一些容易熟的蔬菜，
以及小块的肉类，
还有肉质细腻的水产，
烹饪起来都很省时。
想要在 10 分钟内做好一餐，
炒锅、微波炉、蒸锅，
一起动起来吧！

善用厨具，烹饪不复杂！

炝拌上海青

| 烹饪时间 5分钟 | 难易度 ★☆☆ | 适用人数 1人 |

材料

上海青……150克
胡萝卜……30克
蒜末……5克
姜丝……5克
花椒……适量

调料

鸡粉……2克
盐……2克
食用油……适量

做法

1 择洗好的上海青对半切开；洗净去皮的胡萝卜切成片。

2 取一个容器，放入上海青、胡萝卜片，盖上盖，放入微波炉中，大火加热2分钟，将食材取出。

3 将适量凉开水倒入食材内，再将水沥去。

4 将适量花椒、姜丝、食用油倒入碗中，制成调料，盖上保鲜膜。

5 打开微波炉，将调料放进去，再大火加热1分30秒，将调料取出，揭去保鲜膜。

6 将加热好的调料浇在食材上，加入蒜末，再放入盐、鸡粉，充分拌匀，倒入盘中即可。

Point

不喜欢胡萝卜味可先给胡萝卜焯水，味道更好。

善用厨具，烹饪不复杂！

湘西外婆菜

烹饪时间	难易度	适用人数
3分钟	★☆☆	3人

材料

外婆菜……300克
青椒……1个
红椒……1个
朝天椒……少许
蒜末……少许

调料

盐……3克
鸡粉……3克
食用油……适量

做法

1 将洗净的朝天椒去蒂，切成圈，放入盘中。

2 洗好的红椒去子，切为小块。

3 洗净的青椒去子，切成粒，备用。

4 用油起锅，放入蒜末，炒香，放入朝天椒圈、青椒粒、红椒块，炒香。

5 倒入外婆菜，炒匀。

6 放入适量盐、鸡粉，炒匀，关火后盛出炒好的食材，装入盘中即可。

Point

切辣椒后手会产生灼热感，抹上一些白醋，可得到有效缓解。

扫一扫学烹饪

善用厨具，烹饪不复杂！

茄汁蒸娃娃菜

烹饪时间 8分钟	难易度 ★☆☆	适用人数 2人

材料

娃娃菜……300克
红椒丁……5克
青椒丁……5克

调料

盐……2克
鸡粉……2克
番茄酱……5克
水淀粉……10毫升

做法

1 将洗净的娃娃菜切开，再切瓣，装在蒸盘中，摆好，待用。

2 备好电蒸锅，烧开后放入蒸盘。

3 盖盖，蒸约5分钟，至食材熟软，断电后取出蒸盘，待用。

4 锅烧热，倒入青椒丁、红椒丁，炒匀。

5 放入番茄酱炒香，加入鸡粉、盐炒匀，再用水淀粉勾芡，调成味汁。

6 关火后盛出，浇在蒸盘中，摆好盘即成。

Point

调汁可加入少许白糖，会使菜肴的口感更清甜。

善用厨具，烹饪不复杂！

香蒸蔬菜

烹饪时间	难易度	适用人数
10分钟	★☆☆	1人

材料

四季豆……50克
芦笋……75克

调料

盐……3克
椰子油……5毫升

做法

1 洗净的四季豆斜刀切段。

2 洗净的芦笋拦腰切断，去老皮，斜刀切段。

3 往盘中放上芦笋、四季豆。

4 加入盐、椰子油。

5 电蒸锅注水烧开，放上食材。

6 加盖，蒸9分钟，揭盖，取出蒸好的蔬菜即可。

Point

四季豆要提前将老筋去掉，以免影响食用口感。

烹饪时间	难易度	适用人数
3分钟	★☆☆	2人

甜玉米番茄沙拉

材料

甜玉米……100克
番茄……50克
绿彩椒……20克
红彩椒……20克
黄瓜……60克
胡萝卜……90克
小白菜叶……适量

调料

橄榄油……适量
柠檬汁……适量
盐……适量
苹果醋……适量

做法

1 将甜玉米洗净，刨出玉米粒，放入锅中，注水煮熟，捞出，过一遍凉水，沥干水分，待用。

2 番茄洗净，切成瓣。

3 黄瓜、胡萝卜洗净，切丁。

4 先将红彩椒、绿彩椒洗净去子，再改切成丁。所有食材装入碗中。

5 加入适量橄榄油、柠檬汁、盐、苹果醋，拌匀。

6 以适量洗净的小白菜叶装饰即可。

Point

购买灌装玉米粒可以节省煮玉米的时间。

善用厨具，烹饪不复杂！

冰糖百合蒸南瓜

烹饪时间 10分钟	难易度 ★☆☆	适用人数 1人

材料

南瓜条……130克
鲜百合……30克

调料

冰糖……15克

做法

1 把南瓜条装在蒸盘中。

2 放入洗净的鲜百合，撒上冰糖，待用。

3 备好电蒸锅，放入蒸盘。

4 盖上盖，蒸约9分钟，至食材熟透。

5 断电后揭盖，取出蒸盘。

6 稍微冷却后食用即可。

Point

蒸的时间可长一些，口感会更软糯。

烹饪时间　　难易度　　适用人数
9分钟　　　★★☆　　　2人

脆炸洋葱圈

材料

面粉……70克
洋葱……80克
鸡蛋……60克

调料

盐……2克
白糖……5克
食用油……适量

做法

1 洗净的洋葱切圈，拆开，去除内部白色薄膜。

2 备好空碗，倒入面粉。

3 打入鸡蛋。

4 一边注入适量清水（约20毫升）一边搅匀。

5 倒入少许食用油，不停搅拌。

6 搅散后撒入白糖，搅拌成光滑脆浆即可。

7 往处理好的洋葱圈上撒盐抓匀。

8 用油起锅，烧至160℃（开始冒出小泡）。

9 将沾盐的洋葱圈裹匀脆浆，放入油锅中。

10 炸约4分钟呈金黄色，捞出，沥干油分即可。

Point

洋葱圈可以分次少量油炸，熟的程度更均匀。

扫一扫学烹饪

善用厨具，烹饪不复杂！

烹饪时间 5分钟	难易度 ★★☆	适用人数 2人

糖醋菠萝藕丁

材料

莲藕……100克
菠萝肉……150克
豌豆……30克
枸杞……少许
蒜末……少许
葱花……少许

调料

盐……2克
白糖……6克
番茄酱……25克
食用油……适量

做法

1 处理好的菠萝肉、莲藕切成丁。

2 锅中注水烧开，加入少许食用油。

3 倒入藕丁，放入适量盐，搅匀，汆煮半分钟。

4 倒入洗净的豌豆，搅拌匀，加入菠萝丁，搅散，煮至断生。

5 将焯好水的食材捞出，沥干水分，备用。

6 用油起锅，倒入蒜末，爆香。

7 倒入焯过水的食材，快速翻炒均匀。

8 加入适量白糖、番茄酱，翻炒匀，至食材入味。

9 撒入备好的枸杞、葱花，翻炒片刻，炒出葱香味。

10 将炒好的食材盛出，装入盘中即可。

Point

菠萝去皮后可以放在淡盐水里浸泡一会儿，可去除其涩味。

扫一扫学烹饪

善用厨具，烹饪不复杂！

烹饪时间	难易度	适用人数
6分钟	★ ☆ ☆	1人

辣拌土豆丝

材料

土豆……200克
青椒……20克
红椒……15克
蒜末……少许

调料

盐……2克
味精……适量
辣椒油……适量
芝麻油……适量
食用油……适量

做法

1 去皮洗净的土豆切成片。

2 土豆片切成丝。

3 洗净的青椒切开，去子，切成丝。

4 洗好的红椒切段，切开去子，切成丝。

5 锅中注水烧开，加少许食用油、盐，倒入土豆丝，略煮。

6 倒入青椒丝和红椒丝，煮约2分钟至熟。

7 把煮好的材料捞出，装入碗中。

8 加盐、味精、辣椒油、芝麻油。

9 用筷子充分搅拌均匀。

10 将拌好的材料盛入盘中，撒上蒜末即成。

Point

土豆切丝后，可先放入清水中浸泡片刻再煮，这样制作出来的菜肴口感更加爽脆。

扫一扫学烹饪

善用厨具，烹饪不复杂！

 烹饪时间	难易度	适用人数
10分钟	★★☆	2人

川味烧萝卜

材料

白萝卜……400克
红椒……35克
白芝麻……4克
干辣椒……15克
花椒……5克
蒜末……少许
葱段……少许

调料

盐……2克
鸡粉……1克
豆瓣酱……2克
生抽……4毫升
水淀粉……适量
食用油……适量

做法

1 将洗净去皮的白萝卜切成条形。

2 洗好的红椒斜切成圈，备用。

3 用油起锅，倒入花椒、干辣椒、蒜末，爆香。

4 放入白萝卜条，炒匀。

5 加入豆瓣酱、生抽、盐、鸡粉，炒至熟软。

6 注入适量清水，炒匀。

7 盖上盖，烧开后煮5分钟。

8 揭盖，放入红椒圈，炒至断生。

9 用水淀粉勾芡，撒上葱段，炒香。

10 关火后盛出锅中的菜肴，撒上白芝麻即可。

Point

萝卜条应切得粗细一致，这样煮好的白萝卜口感更好。

扫一扫学烹饪

善用厨具，烹饪不复杂！

 烹饪时间
2分钟

难易度
★ ☆ ☆

 适用人数
1人

清拌滑子菇

材料

滑子菇……200克
香菜……少许

调料

盐……2克
鸡粉……2克
橄榄油……适量

做法

1 将滑子菇倒入清水中，洗净。

2 将滑子菇倒入沸水锅中，加入少许盐，搅拌均匀，焯水片刻，将焯好的滑子菇捞出，沥干水分。

3 将滑子菇倒入凉开水中浸泡片刻，捞出。

4 将滑子菇倒入备好的碗中，加入鸡粉、盐拌匀。

5 淋入适量橄榄油，拌匀，盛盘。

6 点缀上香菜即可。

Point

滑子菇上有一层黏液，对人体很有好处，所以烹饪时不要彻底清除黏液。

善用厨具，烹饪不复杂！

烹饪时间
4分钟

难易度
★★☆

适用人数
2人

凉拌苦瓜榨菜豆腐

材料

苦瓜…100克
嫩豆腐…100克
白洋葱…60克
榨菜…80克
番茄…60克

海苔…适量
白芝麻…适量
姜末…适量
蒜末…适量

调料

生抽…3毫升
醋…3毫升
椰子油…3毫升
盐…3克
白糖…适量
黑胡椒粉…适量

做法

1 豆腐切丁；白洋葱洗净切丝，再对半切开。

2 洗净的苦瓜对半切开，去子，斜刀切成片。

3 洗净的榨菜切条，切成小块。

4 洗净的番茄切片，切条，改切丁；海苔剪成条状，待用。

5 锅中注入适量的清水大火烧开，放入苦瓜片，拌匀，焯煮至断生，捞出，沥干水分，待用。

6 备好碗，淋入适量椰子油，加入生抽、醋、白芝麻、白糖。

7 放入姜末、蒜末、黑胡椒粉，搅拌匀，制成味汁，待用。

8 备一个大碗，放入苦瓜片，淋入椰子油，放入盐，搅拌匀，倒入豆腐丁、番茄丁、榨菜块。

9 加入白洋葱丝，将食材充分拌匀。

10 将拌好的食材装入盘中，浇上味汁，撒上海苔条即可。

Point

给苦瓜焯水时可加入些盐，能更好地去除苦味。

善用厨具，烹饪不复杂!

煎椒盐豆腐

烹饪时间 7分钟	难易度 ★☆☆	适用人数 2人

材料

豆腐……250克
葱花……3克
白芝麻……2克
椒盐……少许

调料

盐……2克
鸡粉……2克
食用油……适量

做法

1 备好的豆腐对半切开，切成片，待用。

2 热锅注油烧热，放入豆腐片，煎至两面焦黄色。

3 撒上白芝麻、少许椒盐。

4 放入盐、鸡粉，拌匀，煎至入味。

5 撒上葱花，煎出香味。

6 将煎好的豆腐盛出，装入盘中即可。

Point

煎豆腐时动作不宜过大，以免豆腐碎掉。

善用厨具，烹饪不复杂！

烹饪时间
3分钟

难易度
★ ☆ ☆

适用人数
2人

芹菜胡萝卜丝拌腐竹

材料

芹菜……85克
胡萝卜……60克
水发腐竹……140克

调料

盐……2克
鸡粉……2克
胡椒粉……1克
芝麻油……4毫升

做法

1 洗好的芹菜切成长段。

2 洗净去皮的胡萝卜切片，再切丝。

3 洗好的腐竹切段，备用。

4 锅中注入适量清水烧开。

5 倒入芹菜段、胡萝卜丝，拌匀，用大火略煮片刻。

6 放入腐竹段，拌匀，煮至食材断生。

7 捞出焯煮好的材料，沥干水分，待用。

8 取一个大碗，倒入焯过水的材料。

9 加入盐、鸡粉、胡椒粉、芝麻油，拌匀至食材入味。

10 将拌好的菜肴装入盘中即可。

Point

食材焯水的时间不宜过久，以免影响其爽脆的口感。

扫一扫学烹饪

善用厨具，烹饪不复杂！

苦瓜肉丝杯

烹饪时间	难易度	适用人数
3分钟	★★☆	1人

材料

苦瓜……80克
里脊肉……80克
姜丝……3克
红椒末……少许
葱丝……少许

调料

盐……2克
鸡粉……1克
生抽……4毫升
料酒……5毫升
白糖……4克
食用油……2毫升

做法

1 将洗净的苦瓜对半切开，去瓤，切成片。

2 将洗好的里脊肉切片，改切成丝。

3 在备好的碗中倒入里脊肉丝、姜丝，放入盐、鸡粉、生抽、料酒、白糖、食用油。

4 搅拌均匀，腌渍片刻。

5 倒入切好的苦瓜，拌匀食材。

6 装入马克杯中，盖上保鲜膜。

7 备好微波炉，放入马克杯。

8 微波炉加热2分钟，取出熟透的食材。

9 揭开保鲜膜，撒上红椒末。

10 放上葱丝即可。

Point

微波加热肉丝时，隔一段时间取出搅拌一下可熟得更彻底。

扫一扫学烹饪

善用厨具，烹饪不复杂！

烹饪时间	难易度	适用人数
5分钟	★☆☆	1人

花菜火腿肠

材料

火腿肠……70克
胡萝卜……50克
花菜……100克

调料

盐……2克
鸡粉……2克
料酒……3毫升
水淀粉……3毫升
食用油……5毫升

做法

1 将洗净的花菜去梗，切小块；火腿肠切片；将洗净的胡萝卜去皮，切片。

2 将切好的花菜装碗，放入胡萝卜片、火腿肠片。

3 加入盐、鸡粉、料酒、水淀粉、食用油，拌匀。

4 将拌好的食材装入马克杯中，封上保鲜膜。

5 备好微波炉，放入食材，加热3分钟至熟。

6 取出熟透的食材，撕开保鲜膜即可。

Point

用微波炉加热时会带走食材中的部分水分使菜肴变干，因此可以在加热前在食材中放入少许清水。

烹饪时间	难易度	适用人数
3分钟	★☆☆	2人

善用厨具，烹饪不复杂!

黄瓜拌猪耳

材料

卤猪耳……1只
黄瓜……60克
蒜末……10克
朝天椒末……8克

调料

盐……1克
白糖……2克
味精……2克
辣椒油……5毫升
花椒油……5毫升

做法

1 把洗净的黄瓜用斜刀切成薄片。

2 卤猪耳切成薄片。

3 把猪耳片放入碗中，倒入蒜末、朝天椒末。

4 放入黄瓜片，加入盐、白糖、味精。

5 倒入辣椒油、花椒油。

6 拌至入味，摆入盘中即成。

Point

猪耳的毛要清理干净，否则口感不好。

善用厨具，烹饪不复杂！

酸豆角炒猪耳

材料

卤猪耳……200克

酸豆角……150克

朝天椒……10克

蒜末……少许

葱段……少许

调料

盐……2克

鸡粉……2克

生抽……3毫升

老抽……2毫升

水淀粉……10毫升

食用油……适量

做法

1 将酸豆角的两头切掉，再切长段。

2 洗净的朝天椒切圈；卤猪耳切片。

3 锅中注入适量清水烧开，倒入酸豆角段拌匀，煮1分钟，减轻其酸味。

4 捞出酸豆角，沥干水分，待用。

5 用油起锅，倒入猪耳片炒匀。

6 淋入少许生抽、老抽，炒香炒透。

7 撒上蒜末、葱段、朝天椒圈，炒出香辣味。

8 放入酸豆角段，炒匀。

9 加入盐、鸡粉，炒匀调味。

10 倒入水淀粉勾芡，关火后盛出炒好的菜肴即可。

Point

可以将酸豆角用清水泡一会儿再煮，能减轻其酸味。

扫一扫学烹饪

善用厨具，烹饪不复杂！

烹饪时间
10分钟

难易度
★★☆

适用人数
2人

椰子油煎蛋饼

材料

鸡蛋……120克
土豆……100克
胡萝卜……35克
芦笋……30克
香菜……少许

调料

盐……3克
胡椒粉……2克
椰子油……10毫升

做法

1 洗净去皮的土豆切粒。

2 洗净去皮的胡萝卜切粒。

3 洗净的芦笋去皮，切粒。

4 将鸡蛋蛋白、蛋黄分别打入两个碗中，用打蛋器将蛋白打至起泡，蛋黄打散。

5 再将打好的蛋白、蛋黄倒在一起，搅拌匀。

6 热锅倒入椰子油、土豆、胡萝卜、芦笋，炒匀。

7 放入盐、胡椒粉，翻炒调味，倒入鸡蛋液，将蛋液铺平。

8 盖上锅盖，小火焖2分钟，掀开锅盖，翻面。

9 盖上盖，小火再焖4分钟，开盖，盛出，放凉。

10 切成菱形块，装入盘中用香菜点缀即可。

Point

打蛋白时也可用电动搅拌器，泡沫会更细腻，还可节省制作时间。

扫一扫学烹饪

善用厨具，烹饪不复杂！

青椒拌皮蛋

烹饪时间 4分钟	难易度 ★☆☆	适用人数 2人

材料

皮蛋……2个
青椒……50克
蒜末……10克

调料

盐……3克
味精……2克
白糖……5克
生抽……10毫升
陈醋……10毫升

做法

1 把洗净的青椒切成圈。

2 去壳的皮蛋切成小块。

3 将切好的青椒、皮蛋装入碗中，再倒入蒜末。

4 加入盐、味精、白糖、生抽。

5 倒入陈醋，拌约1分钟，使其入味。

6 将拌好的材料盛入盘中即可。

Point

切皮蛋时要注意用力适度，若力度不够，不易将皮蛋切成形，影响成品外观。

烹饪时间	难易度	适用人数
5分钟	★★☆	1人

芝麻味噌煎三文鱼

材料

三文鱼肉……100克
去皮白萝卜……100克
白芝麻……3克

调料

味噌……10克
椰子油……2毫升
生抽……2毫升
味醂……2毫升
料酒……3毫升

做法

1 洗净的三文鱼肉对半切开成两厚片。

2 白萝卜洗净切圆片，改切成丝。

3 切好的三文鱼装碗，倒入椰子油。

4 加入白芝麻、味噌、料酒、味醂、生抽，拌匀。

5 热锅中放入腌好的三文鱼。

6 煎约90秒至底部转色，翻面。

7 倒入少许腌渍汁，续煎约1分钟至三文鱼六成熟。

8 翻面，放入剩余的腌渍汁。

9 续煎1分钟至三文鱼熟透、入味。

10 关火后盛出煎好的三文鱼，装碗，一旁放入切好的白萝卜丝即可。

Point

放入三文鱼后要调小火，以免煎焦。

扫一扫学烹饪

扫一扫学烹饪

善用厨具，烹饪不复杂！

泰式青柠蒸鲈鱼

 烹饪时间
10分钟

 难易度
★★☆

适用人数
1人

材料

鲈鱼……200克
青柠檬……80克
大蒜……7克
青椒……7克
朝天椒……8克
香菜……少许

调料

盐……2克
鱼露……10毫升
香草浓浆……26毫升
食用油……适量

做法

1 处理好的鲈鱼划一字花刀，撒盐涂抹均匀，腌渍片刻。

2 青柠檬切小瓣，取一个干净的小碗，挤入青柠汁。

3 洗净的朝天椒、青椒去蒂，切圈；去皮的大蒜切末。

4 将鲈鱼装入备好的蒸盘中，放入烧开水的电蒸锅中，隔水蒸8分钟至熟。

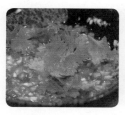

5 取一碗，放入青椒圈、朝天椒圈、蒜末、青柠汁、香草浓浆、鱼露、香菜，搅拌均匀，制成调味汁，待用。

6 揭开蒸锅盖，取出蒸盘，将调味汁淋在鱼上，浇上热油，摆上装饰用的青柠檬片即可。

Point

不要买尾巴呈红色的鲈鱼，因为尾巴是红色表明鱼身体有损伤。

椰子油炒虾

		ΨᏐ
烹饪时间	难易度	适用人数
5分钟	★★☆	1人

材料

基围虾……200克
上海青……90克
朝天椒圈……少许
姜末……少许

调料

盐……2克
黑胡椒粉……2克
椰子油……3毫升

做法

1 洗净的上海青切去根部。

2 洗好的基围虾去头，去壳，装碗。

3 基围虾中放入盐、姜末。

4 搅拌均匀。

5 锅置火上，放入椰子油，烧热。

6 加入朝天椒圈，爆香。

7 倒入腌好的基围虾，翻炒2分钟至弯曲转色。

8 倒入切好的上海青，用大火快速翻炒约1分钟至熟软。

9 倒入黑胡椒粉，炒匀调味。

10 关火后盛出菜肴，装盘即可。

Point

炒虾的时候应用中小火，以免大火将虾炒老。

扫一扫学烹饪

善用厨具，烹饪不复杂！

清蒸青口

烹饪时间 10分钟	难易度 ★☆☆	适用人数 1人

材料

青口……120克
姜丝……5克
葱段……4克

调料

料酒……5毫升
蒸鱼豉油……4毫升
盐……3克

做法

1 将姜丝均匀地撒在备好的青口上。

2 淋上料酒，撒上盐、葱段。

3 电蒸锅注水烧开，放入青口。

4 盖上锅盖，调转旋钮定时8分钟。

5 待时间到，掀开盖，取出。

6 淋上备好的蒸鱼豉油即可。

Point

青口可以提前在家养一晚上，能更好地吐尽泥沙。

烹饪时间 7分钟　　难易度 ★☆☆　　适用人数 1人

善用厨具，烹饪不复杂！

鲜蟹银丝煲

材料

花蟹……100克
水发粉丝……100克
葱花……少许
姜片……少许

调料

盐……2克
胡椒粉……2克
鸡粉……1克

做法

1 砂锅中注入适量清水烧开，放入处理干净的花蟹。

2 加入姜片，煮约半分钟至沸腾。

3 放入泡好的粉丝。

4 加盖，用小火焖5分钟至食材熟软。

5 揭盖，放入盐、鸡粉、胡椒粉，搅匀调味。

6 关火后端出砂锅，撒上葱花即可。

Point

烹饪时还可加入少许料酒，能起到去腥提味的作用。

Chapter 3

一次处理一周菜,
每天更省时

冰箱的用处有很多,

冰冻肉类、冷藏蔬菜,

以及收放一些需要久存的咸菜等。

现在让我们来看看冰箱另一种强大功能:

将周末买的所有食材一次性处理好,

或制成半成品冻入冰箱,

在需要时提前一晚或几小时放入冷藏层解冻,

第二天早起就可以快速制成菜肴,

懒人做菜就是这么简单。

善用冰箱，不用预处理！

松软炸藕

烹饪时间
5分钟

难易度
★★☆

适用人数
1人

材料

冰冻熟莲藕片……1份
低筋面粉……50克
生粉……10克
面包糠……10克

调料

椰子油……500毫升
盐……2克
椰子油沙拉酱……20克

做法

1 冰冻莲藕片用热水解冻。

2 取空碗，倒入低筋面粉、生粉、盐。

3 倒入50毫升清水，搅匀成面糊。

4 面糊中放入煮好的莲藕片，搅拌均匀。

5 将裹匀面糊的莲藕片沾上面包糠，装盘待用。

6 锅置火上，倒入椰子油，烧至六成热。

7 放入裹上面糊和面包糠的莲藕片。

8 油炸约2分钟至表面金黄。

9 捞出油炸好的莲藕片，沥干油分，装盘。

10 将椰子油沙拉酱装入一个美观的小碗中，放在莲藕片旁，食用时蘸食即可。

Point

面糊中可加入鸡蛋搅拌，味道更佳。

湖南麻辣藕

烹饪时间	难易度	适用人数
2分钟	★ ☆ ☆	1人

材料

冰冻熟莲藕片……1份
冰冻姜片……少许
冰冻蒜末……少许
花椒……3克
老干妈辣椒酱……20克
剁椒……20克

调料

盐……2克
鸡粉……适量
水淀粉……适量
食用油……适量

做法

1 所有冰冻食材解冻；用油起锅，倒入姜片、蒜末、花椒，炒香。

2 倒入莲藕片，翻炒片刻。

3 加入适量老干妈、剁椒。

4 加适量盐、鸡粉，炒匀调味。

5 加入适量水淀粉，拌炒匀。

6 将锅中材料盛出装盘即可。

Point

莲藕入锅炒制的时间不能太久，否则就失去了爽脆的特点。

烹饪时间
3分钟

 难易度
★ ☆ ☆

适用人数
1人

善用冰箱，不用预处理！

豌豆牛油果冷汤

材料

冰冻熟豌豆……1份
冰冻罗勒叶……2份
牛油果……1个
牛奶……30毫升

调料

盐……适量
白糖……适量
黑胡椒碎……适量

做法

1 将冰冻的食材提前取出，解冻。

2 将牛油果去皮、核，切成块。

3 取榨汁机，倒入豌豆、牛油果块、罗勒叶。

4 倒入牛奶、白糖，加入适量清水。

5 启动榨汁机，将食材打成冷汤。

6 盛出冷汤，撒上适量盐、黑胡椒碎，用汤勺拌匀后即可食用。

Point

将牛油果的茎掰掉，观察凹槽，如果颜色嫩黄则新鲜，棕色反之。

烹饪时间 5分钟

 难易度 ★★☆

适用人数 2人

善用冰箱，不用预处理！

日式炸猪排

材料

冰冻调味里脊肉片……1份
鸡蛋……100克
生菜……130克
面包糠……60克
玉米淀粉……60克

调料

盐……3克
橘子酱……25克
沙拉酱……20克
日式酱油……15毫升
食用油……适量

做法

1 洗净的生菜切丝；调味里脊肉片提前解冻，用刀拍松，撒上盐。

2 准备一个碗，打入鸡蛋，搅散成蛋液，备用。

3 取出一个盘子，倒入玉米淀粉，另取一盘子，倒入面包糠。将一片肉片放入盘中蘸取玉米淀粉，两面蘸匀。

4 裹匀蛋液后再裹匀面包糠，余下肉片依此操作，装盘待用。

5 锅中倒食用油烧至六成热，放入裹上面包糠的肉片，小火炸3分钟即可，捞出沥油装盘。

6 在盘子一边放上生菜丝，准备3个小碟子，分别放入橘子酱、沙拉酱和日式酱油即可。

Point

新鲜猪肉颜色呈淡红色，肉质较柔软，品质也较优良。

扫一扫学烹饪

善用冰箱，不用预处理！

速食土豆猪肉锅

烹饪时间 10分钟	难易度 ★★☆	适用人数 2人

材料

冰冻熟土豆丁……1份

冰冻熟猪肉块……1份

冰冻熟胡萝卜丁……1份

冰冻姜末……1份

冰冻蒜末……1份

冰格冷冻鲜汤……2份

香菜……适量

调料

盐……2克

酱油……15毫升

白糖……10克

食用油……适量

做法

1 将冰冻的食材提前取出，解冻。

2 用食用油起锅，倒入姜末、蒜末爆香。

3 放入熟猪肉块翻炒香。

4 倒入熟土豆丁、熟胡萝卜丁，拌炒均匀。

5 放入鲜汤，加入适量清水。

6 淋入酱油，炖煮片刻，撒入盐、白糖拌炒均匀，盛出，点缀上洗净的香菜即可。

Point

土豆的外形以肥大而匀称的为好，特别是以圆形的为最好。

善用冰箱，不用预处理！

金玉肉末

烹饪时间	难易度	适用人数
3分钟	★☆☆	2人

材料

冰冻调味猪肉末……1份
冰冻熟玉米粒……1份
冰冻熟莲藕片……1份
冰冻葱花……少许

调料

盐……2克
料酒……8毫升
白糖……5克
食用油……适量

做法

1 将冰冻的食材提前取出，解冻，莲藕片切成小块。

2 用油起锅，倒入猪肉末，淋入料酒，炒至食材松散。

3 倒入熟玉米粒，翻炒均匀。

4 倒入熟莲藕块，拌炒均匀。

5 加入盐，炒匀调味，加入白糖，炒匀调味。

6 盛出装盘，撒上葱花即可。

Point

优质的莲藕的外皮应该呈黄褐色，肉肥厚而白。

善用冰箱，不用预处理！

烹饪时间	难易度	适用人数
5分钟	★★☆	2人

梅菜豌豆炒肉末

材料

冰冻调味猪肉末……1份
冰冻熟豌豆……1份
冰冻红椒末……1份
梅菜……150克
冰冻姜片……少许
冰冻葱段……少许

调料

料酒……5毫升
豆瓣酱……10克
鸡粉……3克
盐……5克
水淀粉……4毫升
食用油……适量

做法

1 洗净的梅菜切成丁，备用。

2 锅中加入适量清水烧开，加入适量盐和食用油，放入豌豆，煮1分钟解冻。

3 加入梅菜丁拌匀，再煮1分钟，捞出备用。

4 用油起锅，倒入姜片爆香，倒入肉末炒松散，炒至转色。

5 放入备好的葱段和红椒末。

6 淋入料酒，炒香。

7 放入梅菜丁和豌豆，炒匀。

8 加入鸡粉、盐。

9 加入豆瓣酱，炒匀调味。

10 加入适量水淀粉，把食材炒至入味，盛出装盘即可。

Point

这道菜中因添加有豆瓣酱，所以不宜多放盐，以免菜品过咸。

烹饪时间
7分钟

难易度
★★★

适用人数
2人

善用冰箱，不用预处理！

香脆酱油葱烧肉

材料

冷冻调味五花肉……1份
去皮白萝卜……300克
冰冻大葱白片……20克
冰冻蒜末……5克
紫苏叶……数片
白芝麻……3克

调料

白糖……3克
黑胡椒粉……3克
盐……2克
椰子油……4毫升
生抽……3毫升
味噌……少许

做法

1 洗净去皮的白萝卜剁碎，放在搅拌机上，搅拌成白萝卜泥。

2 洗好的紫苏叶去蒂，卷成卷，切成丝。

3 取空碗，放入大葱圈，加入生抽、味噌拌匀，待用。

4 热锅中倒入椰子油、调味五花肉片，煎炒约3分钟，至微熟且外表微黄。

5 倒入大葱圈、蒜末，翻炒约1分钟，倒入白糖、黑胡椒粉、盐、白芝麻，炒匀调味。

6 盛出菜肴，装盘，放上白萝卜泥、紫苏叶丝即可。

Point

炒锅放入五花肉时应用中小火，煎炒出油脂后再稍稍调大火力。

善用冰箱，不用预处理！

洋葱煮牛肉

烹饪时间 3分钟	难易度 ★☆☆	适用人数 2人

材料

冰冻调味牛肉丝……1份
冰冻熟洋葱丝……1份
冰冻熟菌菇……1份
冰冻蒜末……1份
冰冻大葱片……1份
冰格冰冻鲜汤……2份
香菜……少许

调料

盐……2克
黑胡椒碎……3克
番茄酱……适量
橄榄油……适量

做法

1 将冰冻的食材提前取出，解冻。

2 在平底锅中倒入橄榄油，放入蒜末、洋葱丝爆香。

3 放入菌菇，炒出香味。

4 倒入腌渍好的牛肉丝，炒至变色，放入鲜汤，翻炒片刻。

5 撒入适量盐、黑胡椒碎，倒入适量番茄酱拌炒均匀。

6 放入大葱片，炒匀调味，盛出，放入香菜即可。

Point

牛肉的纤维组织较粗，结缔组织又较多，应横着切，将长纤维切断。

善用冰箱，不用预处理！

烹饪时间	难易度	适用人数
5分钟	★★☆	2人

榨菜牛肉丁

材料

榨菜……250克
冰冻牛肉丁……1份
冰冻熟洋葱丁……1份
冰冻红椒末……1份
冰冻姜末……少许
冰冻蒜末……少许
冰冻葱段……少许

调料

生抽……9毫升
盐……3克
鸡粉……3克
水淀粉……4毫升
料酒……5毫升
生粉……适量
食用油……适量

做法

1 所有食材提前解冻，榨菜切条，再切成丁。

2 把牛肉丁装入碗中，加入少许生抽、盐、鸡粉、生粉，搅拌均匀，腌渍至入味。

3 锅中倒入适量清水烧开，倒入切好的榨菜，焯煮2分钟。

4 捞出沥去多余水分备用。

5 炒锅注油烧热，放入牛肉丁，炒至牛肉变色。

6 放入姜末、蒜末、葱段，炒香。

7 倒入焯好的榨菜，放入切好的洋葱、红椒末，翻炒匀。

8 加入适量鸡粉、盐，炒匀调味。

9 淋入料酒，炒匀，倒入生抽，翻炒匀。

10 倒入少许水淀粉，快速翻炒均匀，盛出炒好的食材，装入盘中即可。

Point

榨菜切好后，放入清水中浸泡几分钟，可去除部分盐分。

烹饪时间	难易度	适用人数
10分钟	★★☆	1人

照烧鸡肉

材料

冰冻鸡腿肉……1份
杏鲍菇……1根
香菜……少许
樱桃萝卜……3个

调料

酱油……5毫升
料酒……3毫升
白糖……8克
生姜汁……2毫升
白酒……3毫升
盐……少许
食用油……适量

做法

1 将冰冻鸡腿肉提前取出解冻。

2 将白糖装入碗中，加入酱油。

3 加入适量生姜汁、料酒拌匀。

4 将杏鲍菇洗净，吸干水分，去除根部，切成片状。

5 用叉子在鸡皮上戳几个小洞。

6 将鸡肉放入碗中，加入盐、白酒、调好的白糖酱油汁，拌匀。

7 锅中注油烧热后，将鸡皮朝下，放入腌好的鸡肉煎制。

8 将鸡皮煎至金黄色时，翻面续煎5分钟，将杏鲍菇片放入锅中，两面煎至金黄色时，取出全部食材。

9 将余下的白糖酱油汁倒入锅中，略煮片刻。

10 将煎好的鸡肉再次放入锅中，中火煎至鸡肉上色后，取出切成小块，与杏鲍菇片、樱桃萝卜、香菜一起装盘。

Point

用叉子在鸡皮上戳几个小洞，能使鸡肉在腌渍时更入味。

烹饪时间	难易度	适用人数
6分钟	★★☆	2人

善用冰箱，不用预处理！

泡椒炒鸭肉

材料

冰冻熟鸭肉块……1份
灯笼泡椒……60克
泡小米椒……40克
冰冻姜片……少许
冰冻蒜末……少许
冰冻葱段……少许

调料

豆瓣酱……10克
鸡粉……2克
水淀粉……适量
食用油……适量
料酒……适量
生抽……适量

做法

1 将冰冻熟鸭肉块提前解冻；灯笼泡椒切成小块；泡小米椒切成小段。

2 用油起锅，放入熟鸭肉块，快速炒匀，再放入蒜末、姜片，翻炒匀。

3 淋入少许料酒，炒香、炒透，再放入生抽，炒匀。

4 倒入切好的泡小米椒、灯笼泡椒，翻炒片刻，加入豆瓣酱、鸡粉炒匀调味。

5 注入适量清水，收拢食材，盖上盖子，用中火焖煮约3分钟，至全部食材熟透。

6 取下盖子，用大火收汁，淋上少许水淀粉勾芡，盛出锅中的食材，放在盘中，撒上葱段即成。

Point

将切好的灯笼泡椒和泡小米椒浸入清水中泡一会儿再使用，辛辣的味道会减轻一些。

烹饪时间	难易度	适用人数
7分钟	★★☆	2人

善用冰箱，不用预处理！

浇汁炸双鱼

材料

冰冻黄鱼块……1份
冰冻秋刀鱼块……1份
冰冻熟洋葱丝……1份
冰冻韭菜末……1份
冰冻熟胡萝卜……1份
冰格冰冻鲜汤……2份
面粉……少许

调料

盐……3克
黑胡椒碎……3克
水淀粉……适量
食用油……适量

做法

1 将冰冻的食材提前取出解冻，熟胡萝卜切成末。

2 将黄鱼块、秋刀鱼块放入盘中，撒上盐、黑胡椒碎拌匀，再均匀地裹上面粉，备用。

3 锅中倒入适量食用油，放入黄鱼块、秋刀鱼块，将鱼煎至熟透，捞出，盛出装盘。

4 另取一锅，注油烧热，倒入洋葱丝、韭菜末、胡萝卜末，炒香。

5 浇入鲜汤及适量水淀粉，制成酱汁。

6 将炒好的酱汁浇在炸好的鱼上即可。

Point

煎鱼时，同时另起锅炒酱汁，可以节省制作时间。

烹饪时间
5分钟

难易度
★ ☆ ☆

适用人数
2人

扇贝肉炒芦笋

材料

冰冻熟扇贝肉……1份
冰冻熟芦笋段……1份
冰冻红椒末……1份
红葱头……55克
冰冻蒜末……少许

调料

盐……2克
鸡粉……1克
胡椒粉……2克
水淀粉……5毫升
花椒油……5毫升
料酒……10毫升
食用油……适量

做法

1 冰冻食材提前取出解冻，洗净的红葱头切片。

2 用油起锅，倒入蒜末和切好的红葱头，炒香。

3 放入洗净的扇贝肉，翻炒均匀。

4 淋入料酒，翻炒均匀。

5 倒入已汆好的芦笋段。

6 放入红椒末，翻炒均匀。

7 加入少许盐、鸡粉、胡椒粉，炒匀调味。

8 加入水淀粉，翻炒均匀。

9 注入少许清水，稍煮片刻至收汁。

10 淋入花椒油，翻炒至入味，关火后盛出炒好的菜肴，装盘即可。

Point

芦笋若有老筋，应事先撕掉，以免影响口感。

善用冰箱，不用预处理！

烹饪时间	难易度	适用人数
8分钟	★★☆	1人

炸鱿鱼圈

材料

冰冻鱿鱼圈……1份

鸡蛋……1个

面粉……50克

生粉……20克

柠檬草……少许

冰冻葱粒……少许

冰冻姜末……少许

冰冻蒜末……少许

调料

盐、鸡粉……各2克

白糖……3克

辣椒粉、胡椒粉……各适量

橄榄油、五香粉……各适量

料酒、食用油……各适量

做法

1 把鱿鱼圈放入沸水锅中拌匀，汆煮片刻，捞出。

2 往鱿鱼圈里加入葱粒、姜末、蒜末。

3 放入适量盐、鸡粉，加入胡椒粉、适量生粉，放入五香粉，淋上料酒。

4 放上柠檬草，用手抓匀。

5 取一个大碗，倒入30克面粉，加入生粉。

6 打入鸡蛋，淋入橄榄油、清水，搅拌匀。

7 加入盐、白糖、鸡粉、辣椒粉，搅匀成面糊。

8 热锅中注入适量食用油，烧至七成热。

9 将鱿鱼圈沾上面粉，再裹上面糊，放入油锅中炸至金黄色。

10 将炸好的鱿鱼圈捞出，沥干油分即可。

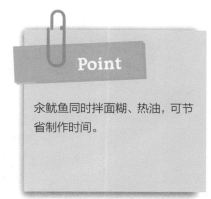

Point

汆鱿鱼同时拌面糊、热油，可节省制作时间。

善用冰箱，不用预处理！

烹饪时间	难易度	适用人数
10分钟	★☆☆	1人

酒蒸蛤蜊

材料

速冻蛤蜊……1份
冰冻葱花……15克
姜块……适量

调料

白酒……适量
酱油……5毫升

做法

1 姜洗净，切细丝，备用。

2 蛤蜊洗净，放入锅中。

3 将白酒倒入锅中。

4 放入姜丝。

5 加盖，开火蒸。

6 蒸至蛤蜊开口，揭盖，淋入适量酱油，再撒上葱花即可食用。

Point

新鲜蛤蜊可以提前浸泡在清水中，滴入几滴芝麻油，这样可以使沙吐得更干净。

善用冰箱，不用预处理！

 烹饪时间
3分钟

 难易度
★ ☆ ☆

适用人数
2人

辣拌蛤蜊

材料

冰冻熟蛤蜊……1份
冰冻蒜末……少许
冰冻葱花……少许
青椒……20克
红椒……15克

调料

盐……3克
鸡粉……1克
辣椒酱……10克
生抽……5毫升
料酒……4毫升
陈醋……4毫升
食用油……适量

做法

1 红椒洗净切圈，备用。

2 青椒洗净切圈，备用。

3 用热水将熟蛤蜊解冻。

4 用油起锅，倒入青椒圈、红椒圈、蒜末，爆香。

5 加辣椒酱、生抽、陈醋、料酒、盐、鸡粉，炒匀。

6 把炒好的调味料盛出，装入碗中备用。

7 把蛤蜊倒入另一只碗中。

8 依次加入葱花、调味料。

9 用筷子拌匀。

10 盛出装盘即可。

Point

蛤蜊在烹制时不要加味精，也不宜多放盐，以免失掉鲜味。

Chapter 4

小锅烹，
一锅搞定主食与菜肴

一口锅，一餐饭，
这就是懒人的幸福秘籍了。
将主食与菜肴自由搭配在一起，
兼顾省时、味道与营养，
就这样一锅出，
吃到的是健康美食，
也是家的味道。

懒人餐，饭菜一锅出！

牛油果泡菜拌饭

烹饪时间	难易度	适用人数
10分钟	★★★	1人

材料

牛油果……100克
白洋葱、泡菜……各35克
冰冻熟米饭……150克
鸡肉末……100克
温泉蛋……1个
熟白芝麻……2克
姜末、蒜末……各少许

调料

柠檬汁……5毫升
辣椒粉……3克
盐、白胡椒粉……各2克
白糖……10克
料酒……4毫升
生抽……3毫升
椰子油……5毫升

做法

1 牛油果去皮、去核，切成小块；白洋葱切丁。

2 热锅注入椰子油，倒入洋葱、鸡肉末炒散，炒至转色。

3 加入盐、白胡椒粉、料酒、白糖、生抽，炒匀入味。

4 加入辣椒粉、蒜末、姜末，炒匀入味，盛出。

5 牛油果上面淋上椰子油、柠檬汁，拌匀。

6 往备好的碗中倒入米饭，铺上牛油果、泡菜、鸡肉末，放上温泉蛋，撒上熟白芝麻，即可。

Point

关于温泉蛋的制作，水温要控制在60℃~80℃之间。

懒人餐，饭菜一锅出！

西班牙烘蛋派

| 🕐 烹饪时间 10分钟 | 🥄 难易度 ★★☆ | 🍴 适用人数 3人 |

材料

鸡蛋…6个　　奶酪…50克
洋葱…30克　　西蓝花…30克
圣女果…4个　　黑橄榄…4颗
火腿片…2片　　土豆…30克
红甜椒…30克　　黄油…60克
黄甜椒…30克

调料

盐…适量
白胡椒粉…适量
综合香料粉…适量

做法

1 洋葱、圣女果、红甜椒、黄甜椒及黑橄榄皆洗净切小片；西蓝花、土豆洗净切成小丁；奶酪切丁备用。

2 将鸡蛋、盐、白胡椒粉打散成蛋液。

3 取一个平底锅，放入黄油融化，依序加入洋葱片、圣女果片、火腿片。

4 放入红甜椒片、黄甜椒片、土豆丁、黑橄榄片、西蓝花丁炒香，再加入综合香料粉炒香。

5 将蛋液加入，在锅内快速搅拌，直至蛋液呈半熟凝固状态。

6 放奶酪丁，盖上锅盖，以小火焖至奶酪融化即可。

Point

如果平底锅和锅把是钢铁制成的，可以连同锅放入烤箱烤制。

懒人餐，饭菜一锅出！

砂锅粉丝豆腐煲

烹饪时间 10分钟

难易度 ★★☆

适用人数 2人

材料

腐竹……10克
豆腐……15克
胡萝卜……50克
菜心……100克
粉丝……30克
鸡汤……800毫升

调料

盐……2克
白胡椒……2克
芝麻油……3毫升

做法

1 将粉丝、腐竹泡发；豆腐切成条，改切成块，待用。

2 择洗好的菜心切成段；洗净去皮的胡萝卜切滚刀块。

3 泡发好的腐竹切成小块，待用。

4 锅中注入适量的清水大火烧开，倒入豆腐块，拌匀煮沸去除酸味。

5 将豆腐捞出，沥干水分，装盘待用。

6 砂锅中放入胡萝卜块、豆腐块、腐竹块。

7 倒入备好的鸡汤，开大火。

8 盖上锅盖，煮开后转小火炖8分钟。

9 揭开锅盖，放入粉丝、菜心段。

10 加入盐、白胡椒，稍稍搅拌，淋入芝麻油，关火，将煮好的汤盛出即可。

Point

腐竹最好用热水泡发，能缩短泡发时间。

扫一扫学烹饪

103

 懒人餐，饭菜一锅出！

烹饪时间	难易度	适用人数
8分钟	★ ☆ ☆	2人

高汤砂锅米线

材料

水发米线……180克

韭菜……50克

榨菜丝……40克

火腿肠……60克

熟鹌鹑蛋……40克

高汤……200毫升

姜片……少许

调料

盐……2克

生抽……5毫升

芝麻油……4毫升

鸡粉……2克

做法

1 将去除包装的火腿肠切成片，再改切丝。

2 择洗好的韭菜切成均匀的长段。

3 砂锅中倒入高汤、姜片，搅拌片刻。

4 盖上盖，大火煮至沸腾。

5 掀开盖，放入米线、鹌鹑蛋、榨菜丝、火腿肠丝。

6 加入盐、鸡粉，充分搅拌均匀。

7 放入韭菜段，稍稍搅拌后再次煮沸。

8 加入生抽，略煮后撇去浮沫。

9 淋入芝麻油，搅拌调味。

10 关火后将煮好的米线盛出装入碗中即可。

Point

泡发后的米线不宜久煮，以免影响口感。

扫一扫学烹饪

懒人餐，饭菜一锅出！

辣炒年糕

| 🕐 烹饪时间 10分钟 | 难易度 ★★☆ | 适用人数 2人 |

材料

长条年糕……350克
胡萝卜……30克
洋葱……30克
青椒……1个
白芝麻……少许

调料

辣椒酱……20克
辣椒粉……5克
酱油……3毫升
白糖……3克
食用油……适量

做法

1 将年糕切成小长段；洋葱洗净切丝；胡萝卜去皮、洗净、切丝；青椒洗净、去子，切丝。

2 锅中注水，放入年糕，煮至年糕松软后将其捞出，将捞出的年糕放入冷水中，浸泡片刻。

3 将辣椒粉和辣椒酱装入碗中，加入少许酱油，再放入白糖拌匀。

4 锅中注油烧热，放入洋葱丝、胡萝卜丝。

5 倒入调好的辣椒酱，加入适量清水，炒匀。

6 放入年糕、青椒丝，炒匀，盛出后撒白芝麻即可。

Point

年糕是糯米制品，很软而且粘刀，切之前放在冰箱中冷冻一下就方便切了。

懒人餐，饭菜一锅出！

烹饪时间
10分钟

难易度
★★☆

适用人数
2人

番茄生菜面

材料

番茄……80克

素鸡……90克

豆泡……40克

小白菜……80克

面条……200克

调料

盐……2克

鸡粉……2克

料酒……3毫升

食用油……适量

做法

1 择洗好的小白菜切成段；洗好的豆泡切成小块，待用。

2 洗净的素鸡切厚片，切条；洗净的番茄切片，再切条，切丁。

3 锅中注入适量的清水大火烧开，放入备好的面条，搅匀，汆煮至断生。

4 加入素鸡条、豆泡块、小白菜段，煮2分钟。

5 将食材捞出，沥干水分装入盘中，待用。

6 热锅注油烧热，放入番茄丁，炒软。

7 淋入料酒，加入适量的清水，搅匀煮沸。

8 倒入汆好的食材，快速搅拌匀。

9 放入盐、鸡粉，搅匀至入味。

10 关火后将煮好的面盛出装入碗中即可。

Point

喜欢番茄味道浓郁点的人可以将番茄多翻炒片刻，口感会更好。

扫一扫学烹饪

烹饪时间	难易度	适用人数
10分钟	★★☆	1人

懒人餐，饭菜一锅出！

菌菇温面

材料

金针菇……80克
杏鲍菇……90克
蟹味菇……80克
挂面……150克
葱花……少许
七味唐辛子……5克

调料

椰子油……5毫升
生抽……5毫升
料酒……8毫升

做法

1 洗净的杏鲍菇切成丁；洗净的蟹味菇、金针菇切成段。

2 热锅注入椰子油烧热，倒入杏鲍菇丁、蟹味菇段、金针菇段，炒匀。

3 加入生抽、料酒，炒匀入味，加盖，小火焖5分钟，盛入盘中，待用。

4 沸水锅中倒入挂面，煮至熟软，捞出放入凉水中放凉，捞出沥干水待用。

5 往挂面中倒入菇类，拌匀。

6 往备好的盘中倒入食材，撒上葱花、七味唐辛子即可。

Point

蟹味菇可以放入盐水中清洗，这样可以很好地去除杂质。

懒人餐，饭菜一锅出！

咖喱乌冬面

烹饪时间
10分钟

难易度
★★☆

适用人数
1人

材料

基围虾…4个

乌冬面…200克

胡萝卜…40克

椰奶…30毫升

青椒…100克

腊肉…40克

柠檬…80克

高汤…50毫升

朝天椒圈…5克

姜丝…适量

香菜…少许

调料

椰子油…15毫升

盐…4克

胡椒粉…4克

咖喱粉…20克

鱼酱…10克

做法

1 洗净的基围虾切去虾头，剥去壳；洗净的青椒去柄，切开，去子，切成丝。

2 洗净去皮的胡萝卜切成片，再切丝；腊肉切成片，再切丝，待用。

3 热锅倒入适量椰子油烧热，放入腊肉丝。

4 加入胡萝卜丝，炒散，放入基围虾，翻炒片刻。

5 放入青椒丝，加入少许盐、胡椒粉，翻炒匀，盛出装入碗中，待用。

6 热锅倒入椰子油烧热，放入朝天椒圈。

7 注入500毫升清水，倒入椰奶、咖喱粉，加入高汤。

8 放入鱼酱、盐、胡椒粉，搅拌匀，煮至沸。

9 放入刚刚炒好的菜肴，倒入乌冬面，搅拌片刻。

10 挤上柠檬汁，再次煮沸，盛出装入碗中，撒上姜丝、香菜即可。

Point

腊肉味道较咸，可事先用开水浸泡片刻，味道会更好。

扫一扫学烹饪

113

烹饪时间
6分钟

难易度
★ ☆ ☆

适用人数
1人

懒人餐，饭菜一锅出！

田园风味乌冬面

材料

冰冻熟乌冬面……1份
冰冻熟鸡胸肉……1份
冰冻熟包菜……1份
冰冻熟菌菇……1份
冰冻熟秋葵……1份
冰冻豆腐……1份
冰冻葱片……1份
冰格冰冻鲜汤……2份

调料

日式酱油……适量
七味唐辛子……少许

做法

1 将冰冻的食材取出，解冻，熟秋葵斜刀切片。

2 锅中注入适量清水，大火煮开。

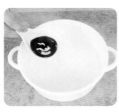

3 倒入适量日式酱油，搅拌均匀，制成汤底。

4 放入切好的熟鸡胸肉、熟包菜、熟菌菇、豆腐、葱片拌匀，煮至汤汁沸腾。

5 放入熟乌冬面、鲜汤，煮至乌冬面入味，撒入适量七味唐辛子调味。

6 将煮好的乌冬面盛入碗中，放入秋葵片即可。

Point

包菜还可以切成丝食用，口感更好。

🕐	🥄	🍴
烹饪时间	难易度	适用人数
5分钟	★★☆	1人

懒人餐，饭菜一锅出！

芦笋火腿意大利面

材料

方火腿……80克
冰冻熟芦笋段……50克
冰冻熟意大利面……160克
薄荷叶……15克
蒜片……8克
高汤……适量

调料

椰子油……10毫升
盐……2克
黑胡椒……3克

做法

1 方火腿切成片。

2 热锅倒入椰子油烧热，放入蒜片，爆香。

3 放入火腿片、芦笋段，炒匀，倒入煮好的食材。

4 倒入适量高汤，煮至沸腾。

5 加入盐、黑胡椒，搅拌匀，放入薄荷叶，拌匀。

6 将煮好的芦笋火腿意大利面盛出装入盘中即可。

Point

先将面与其他食材处理好，放入冰箱冷冻，制作前解冻可大幅度缩短制作时间。

懒人餐，饭菜一锅出！

烤鸡肉蘑菇意面

⏰ 烹饪时间 10分钟	🍴 难易度 ★☆☆	🍽 适用人数 1人

材料

冰冻熟烤鸡胸肉……1块
意大利面……50克
生菜……半棵
胡萝卜……半根
香菇……1朵
口蘑……2朵

调料

盐……3克
黑胡椒……2克
橄榄油……适量

做法

1 胡萝卜洗净切成半薄片；香菇、口蘑洗净切片；生菜洗净切段；烤鸡肉切薄片。

2 锅中加水烧开，放入意面，加入1克的盐和1毫升的橄榄油，续煮7分钟。

3 煮好的面倒去多余的水分，用1毫升的橄榄油拌匀防黏在一起。

4 锅中倒入剩余的橄榄油，放入胡萝卜片，小火煸，再放入口蘑片、香菇片和生菜段翻炒1分钟。

5 放入意面，炒干里面多余的水分。

6 放入烤鸡肉片，加入2克盐、黑胡椒，翻炒出锅即可。

Point

煮好的意大利面可再过一道凉开水，口感会更好。

烹饪时间 8分钟	难易度 ★ ☆ ☆	适用人数 1人

懒人餐，饭菜一锅出！

花蛤海苔意大利面

材料

冰冻熟意大利面……1份
冰冻熟花蛤……1份
冰冻西蓝花……1份
冰冻熟洋葱丝……1份
冰冻蒜末……1份
海苔丝……少许
红辣椒圈……少许

调料

酱油……适量
盐……适量
黑胡椒碎……适量
白兰地酒……适量
橄榄油……适量

做法

1 将冰冻的食材取出解冻，西蓝花切成小块。

2 锅中倒入适量橄榄油烧热，放入蒜末、熟洋葱丝爆香。

3 倒入花蛤，炒片刻，放入熟意大利面，翻炒片刻。

4 撒入西蓝花块、海苔丝、红辣椒圈拌炒均匀。

5 加入酱油、盐、黑胡椒碎调味。

6 撒入适量白兰地酒，快速翻炒入味即可。

Point

西蓝花选择花蕾柔软饱满，花球表面无凹凸，中央隆起的为宜。

懒人餐，饭菜一锅出！

关东煮

 烹饪时间 10分钟　 难易度 ★☆☆　适用人数 2人

材料

白萝卜……200克
魔芋块……200克
海带结……100克
鱼豆腐……150克
油炸豆腐……100克

调料

淡酱油……少许
料酒……少许
盐……少许

做法

1 白萝卜去皮、洗净，切两段；魔芋洗净，切成适合一口食用大小的块。

2 鱼豆腐洗净，擦去表面水分，切成适合一口食用大小的块。

3 锅中注水，烧热，先放入萝卜块，再放入切好的魔芋块。

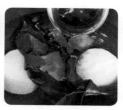

4 将洗净的海带结放入锅中，加入淡酱油拌匀，再放入料酒、盐。

5 用大火将汤汁煮沸，放入切好的鱼豆腐，搅拌均匀后，续煮。

6 放入油炸豆腐，煮至食材熟软入味后盛出即可。

Point

煮食材的过程中，可以用汤勺不断地往食材上浇汤汁，让食材更入味。

懒人餐，饭菜一锅出！

苏杭菊花火锅

烹饪时间	难易度	适用人数
10分钟	★★★	2人

材料

冰冻牛肉片…1份　　香菜段…10克
冰冻猪肉片…1份　　鸡汤…230毫升
冰冻鸡肉片…1份　　枸杞…适量
水发干菊花…10克　　红枣…适量
鲜菊花…20克　　　　鲜虾…100克
香菇…30克　　　　　菠菜…60克
大葱…20克　　　　　水发粉丝…50克

调料

盐…2克
鸡粉…2克
胡椒粉…1克
料酒…5毫升
芝麻油…5毫升
明矾水…适量
食用油…适量

做法

1 洗净的香菇切片；大葱洗净切段；鲜菊花放入明矾水中浸泡一会儿以消毒杀菌。

2 用油起锅，倒入切好的香菇和大葱，炒出香味。

3 倒入鸡汤、干菊花、鲜菊花。

4 放入枸杞、红枣搅匀，用大火煮5分钟至锅底味道浓郁。

5 揭盖，加入盐、鸡粉、料酒、胡椒粉和芝麻油，搅匀调味。

6 放入洗净的香菜段，搅匀，关火后将煮好的锅底盛入电火锅中。

7 电火锅煮开，倒入牛肉片、猪肉片、鸡肉片，搅拌均匀。

8 煮至沸腾，放入处理干净的虾。

9 加入泡好的粉丝。

10 放入切好的菠菜，稍稍汆烫一会儿，边涮煮边食用即可。

Point

鲜菊花泡完明矾水后要再用清水冲洗一下，以去除明矾水。

扫一扫学烹饪

懒人餐，饭菜一锅出！

 烹饪时间
5分钟

 难易度
★★☆

适用人数
1人

寿喜烧火锅

材料

牛肉……200克

香菇……50克

金针菇……50克

苦菊……50克

魔芋丝……50克

大葱……30克

豆腐……50克

调料

白糖……5克

味酥……50毫升

日式酱油……20毫升

清酒……20毫升

黄油……20克

做法

1 牛肉洗净切成薄片；豆腐切成块状。

2 洗净的金针菇切去根部，撕成丝；洗好的苦菊切去根部，切成段。

3 洗好的大葱斜刀切成段；洗净的香菇去蒂，切上"十"字花刀。

4 取一个碗，加入酱油、味醂、清酒。

5 放入白糖，搅拌均匀，制成锅底料，待用。

6 电火锅通电后加热，放入黄油块，将其熔化。

7 放入牛肉片，煎至七成熟。

8 倒入调制好的锅底料，放入豆腐块。

9 放入大葱段、魔芋丝、香菇、金针菇丝，铺上苦菊段。

10 盖上锅盖，调高温焖3分钟至食材熟透，即可食用。

扫一扫学烹饪

Point

食用时，可蘸取生蛋液。裹了蛋液的牛肉口感更嫩滑。

127

懒人餐，饭菜一锅出！

酸辣海鲜火锅

烹饪时间
10分钟

难易度
★★★

适用人数
2人

材料

虾…200克	鱼肉…100克
虾丸…50克	鱿鱼…50克
香菇…50克	生菜…50克
香菜…10克	姜末…适量
青柠…15克	高汤…适量
蛤蜊…200克	

调料

香茅粉…20克
鱼露…20毫升
椰奶…20毫升
泰式酸辣酱…15克
橄榄油…20毫升

做法

1 洗净的鱿鱼切成圈；洗净的鱼肉斜刀切成片。

2 洗净的香菇、虾丸、青柠均对半切开。

3 热锅中倒入橄榄油烧热，倒入姜末，爆香，加入香茅粉、香菇，快速翻炒片刻。

4 倒入备好的高汤，放入虾、虾丸，大火煮沸。

5 放入青柠、鱼露、椰奶，搅拌片刻。

6 加入泰式酸辣酱，搅拌片刻，放入香菜拌匀。

7 将煮好的锅底倒入电火锅内，高温加热煮开。

8 将备好的蛤蜊、鱿鱼圈、鱼肉片倒入电火锅内，搅拌匀。

9 盖上锅盖，高温煮开后续煮5分钟至熟透。

10 掀开锅盖，加入生菜，稍稍搅拌片刻，边煮边享用即可。

Point

没有椰奶，也可用椰浆代替。

懒人餐，饭菜一锅出！

韩国泡面火锅

烹饪时间
10分钟

难易度
★★★

适用人数
2人

材料

老豆腐…200克　　金针菇…50克

泡菜…50克　　　午餐肉…50克

小米椒…50克　　豆腐泡…20克

大葱…10克　　　芝士片…适量

方便面…100克　　姜末…适量

冬笋…50克　　　高汤…适量

调料

盐…3克

胡椒粉…2克

料酒…10毫升

食用油…适量

韩式辣椒酱…适量

做法

1 处理好的冬笋切成厚片；洗净的金针菇切去根部；午餐肉切成片状。

2 洗净的老豆腐切块状；泡菜切成均匀的块状；洗净的大葱斜刀切成段。

3 用油起锅，倒入姜末，翻炒爆香，再放入泡菜块、小米椒，快速块翻炒匀。

4 倒入备好的高汤，搅拌片刻，盖上盖，大火煮至汤汁沸腾。

5 掀开盖，放入盐、料酒、大葱段，搅拌调味。

6 将老豆腐块倒入，稍稍搅拌，盖上盖，转小火煮片刻至入味。

7 掀开盖，放入芝士片、韩式辣椒酱、胡椒粉，搅拌调味。

8 将煮好的锅底装入电火锅内，高温加热煮开。

9 往电火锅内放入冬笋片、午餐肉片、豆腐泡，搅拌匀，盖上盖，高温煮开后续煮3分钟。

10 掀开盖，倒入金针菇、方便面，稍稍搅拌片刻，边煮边享用即可。

Point

方便面可以用开水冲泡至软后再放入火锅中，能去除防腐剂。

Chapter 5

家中常备，
腌菜储备粮

切一切、腌一腌，
一道可以常备的腌菜就做好了。
这些快手又可以长时间保存的腌菜，
是餐桌的配角，
也是让人不能割舍的菜肴。
当没有时间做菜，
或者时间紧凑只够做出一道菜，
腌菜就是很好的配饭伙伴。

烹饪时间
10分钟

难易度
★ ☆ ☆

适用人数
2人

酸白菜

材料

去皮白萝卜……110克
小白菜……100克
干辣椒……25克
姜丝……少许

调料

盐……8克
白糖……8克
白醋……5毫升

做法

1 白萝卜洗净修整
齐，切成厚片，
改切成丝。

2 洗净的小白菜切
等长段。

3 往备好的碗中倒
入白萝卜丝、小
白菜段、姜丝、
干辣椒。

4 撒上盐、白糖，
淋上白醋，充分
拌匀。

5 用保鲜膜包好，
腌渍9分钟。

6 撕开保鲜膜，将
腌渍好的食材装
盘即可。

Point

取食酸白菜时，使用的筷子务
必干燥无水分、无油分，以免
致使剩余酸白菜不好保存，甚
至发霉。

腌菜就是不用烹饪的储备菜！

 烹饪时间
5分钟

 难易度
★★★

适用人数
1人

白泡菜

材料

白菜……250克

梨子……80克

苹果……70克

熟土豆片……80克

胡萝卜……75克

熟鸡胸肉……95克

调料

盐……适量

做法

1　熟鸡胸肉切片，切丝，再切碎；洗净去皮的胡萝卜切成片，再切丝。

2　洗净去皮的苹果切开取核，切片，再切丝；洗净去皮的梨子切片，再切丝。

3　取一个碗，倒入洗净的白菜、盐，拌匀腌渍20分钟。

4　备好榨汁机，倒入熟土豆片、鸡肉碎，注入适量凉开水，将食材打碎，倒入碗中。

5　将腌渍好的白菜捞出，横刀切成片。

6　把梨丝、胡萝卜丝、苹果丝倒入鸡肉泥中，拌匀。

7　放入适量盐，充分搅拌匀。

8　取适量的食材放入白菜叶中，将白菜片卷起。

9　将剩余的食材逐一制成白菜卷，放入碗中。

10　用保鲜膜将碗封好，腌渍，待时间到撕去保鲜膜即可。

Point

腌渍时最好放在阴凉干燥的地方，口感会更好。

扫一扫学烹饪

扫一扫学烹饪

烹饪时间	难易度	适用人数
6分钟	★★☆	2人

腌菜就是不用烹饪的储备菜！

自制酱黄瓜

材料

小黄瓜……200克
姜片……少许
蒜瓣……少许
八角……少许

调料

酱油……400克
红糖……10克
白糖……2克
老抽……5毫升
盐……5克
食用油……少许
料酒……少许

做法

1 在洗净的小黄瓜上打上灯笼花刀。

2 将黄瓜装入碗中，加入盐，抹匀，腌渍一天。

3 热锅注油烧热，倒入姜片、蒜瓣、八角，爆香。

4 倒入备好的酱油，淋入料酒。

5 加入红糖、白糖、老抽，炒匀，将煮好的酱汁盛出放凉。

6 将放凉的酱汁倒入黄瓜碗内，将黄瓜浸泡片刻即可食用。

Point

给小黄瓜打花刀时用力要均匀，以免切断。

腌菜就是不用烹饪的储备菜！

烹饪时间 8分钟	难易度 ★★☆	适用人数 2人

一夜渍

材料

圣女果……300克
梅干……适量

调料

白糖……少许

做法

1 圣女果洗净，切开表皮。

2 将圣女果放入热水中煮片刻，捞出。

3 将圣女果去皮，装杯备用。

4 另起一锅，注水烧热后放入梅干，煮至松软，倒出。

5 将备好的白糖化水后倒入煮好的梅汁中，再倒入剥了皮的圣女果中。

6 用盖子将梅干圣女果压住，腌渍至其入味后，滤去梅汁即可。

Point

圣女果不需要煮软，只要能使外皮容易剥掉即可。

腌菜就是不用烹饪的储备菜！

烹饪时间
10分钟

难易度
★★☆

适用人数
2人

日式大根

材料

白萝卜……300克

调料

盐……少许
姜黄粉……适量
白糖……适量
白醋……适量

做法

1 把洗净的白萝卜去皮。

2 将白萝卜切成块。

3 将萝卜块装入密封袋中。

4 加入盐，腌渍一天左右。

5 将有腌渍萝卜块密封袋里的水分倒出。

6 加入适量白糖。

7 倒入适量白醋。

8 加入适量姜黄粉，封住口袋，将加入的调料与萝卜块调匀。

9 封好袋口，将其摇匀，腌渍至萝卜块变黄色。

10 将腌渍好的萝卜块取出，倒去其中的腌汁，冲洗后装入碗中食用即可。

Point

用盐将白萝卜腌渍一遍，可以去除白萝卜的辛辣味。

腌菜就是不用烹饪的储备菜！

烹饪时间
5分钟

难易度
★ ☆ ☆

适用人数
2人

风味萝卜

材料

白萝卜……270克
泡椒……30克
蒜末……少许
红椒……适量

调料

盐……9克
鸡粉……2克
白糖……2克
生抽……4毫升
陈醋……6毫升
料酒……少许

做法

1 洗净去皮的白萝卜切滚刀块。

2 泡椒切成细丝，备用。

3 洗净的红椒切成圈，待用。

4 取一个大碗，倒入白萝卜块，加入少许盐，搅匀，腌渍1小时。

5 取出腌好的白萝卜，注入适量清水，洗去多余的盐分，沥去水分。

6 倒入蒜末、泡椒丝，加入适量盐。

7 放入少许鸡粉、白糖、生抽、陈醋，搅匀。

8 取一个密封罐，放入拌好的食材，淋入少许料酒，放入红椒圈。

9 注入适量纯净水，盖好盖，置于阴凉干燥处腌渍入味。

10 取出腌渍好的食材，装入盘中即可。

Point

切好的白萝卜可以放在阴凉处风干一会儿再腌渍，口感会更脆。

扫一扫学烹饪

腌菜就是不用烹饪的储备菜！

醋拌胡萝卜

烹饪时间 3分钟　难易度 ★☆☆　适用人数 2人

材料

胡萝卜……300克
话梅……50克
紫苏叶……1片

调料

白糖……120克
盐……适量

做法

1 胡萝卜去皮，洗净切条。

2 将胡萝卜条放入碗中，加入盐腌渍至其变软。

3 话梅放入碗中，加入适量白糖。

4 加入适量清水，搅拌至白糖溶化。

5 将腌渍好的胡萝卜中的水分倒去。

6 将胡萝卜条放入糖水梅干的碗中，腌渍至入味，取出，放入垫有紫苏叶的盘中即可。

Point

腌渍好的胡萝卜可以挤去水分再食用，以免味道过重。

烹饪时间	难易度	适用人数
5分钟	★ ☆ ☆	1人

腌菜就是不用烹饪的储备菜！

腊八蒜

材料

大蒜……4颗

调料

盐……15克
白糖……30克
香醋……30毫升
白酒……50毫升

做法

1 将大蒜剥去外层硬皮，并在外皮上扎上小孔。

2 把大蒜放入烫过并风干的玻璃罐中。

3 取一碗，倒入盐，再倒入白糖。

4 注入香醋、白酒，搅拌均匀。

5 将碗中的汁液倒入锅中，注入适量清水，煮至沸腾，倒出，放凉。

6 将汁液倒入玻璃罐中，没过大蒜，密封好瓶子，放阴凉处静置10天即可。

Point

也可以将蒜瓣全部剥出，再腌渍，会更入味。

扫一扫学烹饪

腌菜就是不用烹饪的储备菜！

黄豆芽泡菜

⏰ 烹饪时间 5分钟	🍴 难易度 ★ ☆ ☆	🍽 适用人数 2人

材料

黄豆芽……100克
大蒜……25克
韭菜……50克
葱条……15克
朝天椒……15克
白酒……50毫升

调料

盐……适量
白醋……适量

做法

1 处理好的葱条切段；朝天椒洗净拍破。

2 韭菜洗净切段；大蒜洗净拍破。

3 黄豆芽加盐拌匀，用清水洗净。

4 玻璃罐倒入白酒，加温水，再加入盐、白醋拌匀。

5 放入朝天椒、大蒜、黄豆芽、韭菜段、葱段。

6 加盖密封，腌渍入味，泡菜制成，取出即可。

Point

材料在装入玻璃罐后应注意检查是否密封好，以免变质。